Анатолий Фунтусов

Старение морских транспортных судов

AF168227

Анатолий Фунтусов

Старение морских транспортных судов

LAP LAMBERT Academic Publishing

Impressum / **Выходные данные**

Bibliografische Information der Deutschen Nationalbibliothek: Die Deutsche Nationalbibliothek verzeichnet diese Publikation in der Deutschen Nationalbibliografie; detaillierte bibliografische Daten sind im Internet über http://dnb.d-nb.de abrufbar.
Alle in diesem Buch genannten Marken und Produktnamen unterliegen warenzeichen-, marken- oder patentrechtlichem Schutz bzw. sind Warenzeichen oder eingetragene Warenzeichen der jeweiligen Inhaber. Die Wiedergabe von Marken, Produktnamen, Gebrauchsnamen, Handelsnamen, Warenbezeichnungen u.s.w. in diesem Werk berechtigt auch ohne besondere Kennzeichnung nicht zu der Annahme, dass solche Namen im Sinne der Warenzeichen- und Markenschutzgesetzgebung als frei zu betrachten wären und daher von jedermann benutzt werden dürften.

Библиографическая информация, изданная Немецкой Национальной Библиотекой. Немецкая Национальная Библиотека включает данную публикацию в Немецкий Книжный Каталог; с подробными библиографическими данными можно ознакомиться в Интернете по адресу http://dnb.d-nb.de.
Любые названия марок и брендов, упомянутые в этой книге, принадлежат торговой марке, бренду или запатентованы и являются брендами соответствующих правообладателей. Использование названий брендов, названий товаров, торговых марок, описаний товаров, общих имён, и т.д. даже без точного упоминания в этой работе не является основанием того, что данные названия можно считать незарегистрированными под каким-либо брендом и не защищены законом о брендах и их можно использовать всем без ограничений.

Coverbild / Изображение на обложке предоставлено: www.ingimage.com

Verlag / Издатель:
LAP LAMBERT Academic Publishing
ist ein Imprint der / является торговой маркой
OmniScriptum GmbH & Co. KG
Heinrich-Böcking-Str. 6-8, 66121 Saarbrücken, Deutschland / Германия
Email / электронная почта: info@lap-publishing.com

Herstellung: siehe letzte Seite /
Напечатано: см. последнюю страницу
ISBN: 978-3-659-64688-1

СОДЕРЖАНИЕ

Введение

Как и сам человек, все созданные им материальные объекты подвержены неизбежному старению. Это в полной мере относится и к морским транспортным судам. Под действием коррозии, постоянных статических и динамических нагрузок, достигающих подчас экстремальных значений, судно постепенно изнашивается, пока однажды, в среднем после 27 – 28 лет эксплуатации, не заканчивает свою «жизнь» на одной из судоразделывательных верфей Южной Азии.

Явление старения судна затрагивает интересы практически всех субъектов морского судоходства, и прежде всего владельца судна. Построить новое или приобрести подержанное судно и, если да, то какого возраста? Заменить ли судно или продолжить его эксплуатацию? Какие дополнительные капиталовложения потребуются в случае замены судна, и через какое время они окупятся? Таков неполный перечень вопросов, при решении которых судовладельцу приходится принимать во внимание старение судов.

Для страховых компаний фактор старения приобретает большое значение в связи с определением размера ставок страховых премий при страховании судов и грузов.

Для фрахтователя, арендующего судно в долгосрочный тайм-чартер, возникает необходимость оценить, на сколько увеличатся за время аренды судна его расходы на топливо.

Классификационные общества; государственные органы, занимающиеся вопросами национальной политики в сфере торгового мореплавания; коммерческие банки, осуществляющие кредитование судовладельцев; международные организации, занимающиеся вопросами безопасности мореплавания, при решении самых различных задач в той или иной мере сталкиваются с необходимостью учета фактора старения судов.

Однако, несмотря на это, явление старения морского судна до настоящего времени остаётся малоизученным. Отдельные сведения о технико-эксплуатационных последствиях старения судов могут быть почерпнуты в различных книгах и научных статьях, посвящённых вопросам технической эксплуатации морского флота, теории судна, технологии и организации судоремонта, надёжности судовых двигателей. Отрывочные сведения, касающиеся влияния возраста судна на экономическую эффективность его эксплуатации, можно найти в работах по экономике морского транспорта, коммерческой эксплуатации судов, морскому страхованию, вопросам планирования и организации работы морского флота. Исключение составляет лишь один аспект старения морских судов — вопрос о влиянии возраста судна на безопасность мореплавания, — которому посвящено достаточно большое количество научных статей.

Отсутствие работ, в которых приводился бы общий обзор и анализ всех аспектов старения морского транспортного судна, и послужило поводом к написанию данной книги. Цель, которую ставил перед собой автор, состояла в том, чтобы, обобщив разрозненные факты и сведения, почерпнутые из различных источников, и результаты собственных исследований, получить количественную оценку влияния возраста судна на безопасность и эффективность его эксплуатации. Воспользовавшись названием медицинской науки, изучающей процессы старения живых организмов, тему настоящей книги можно было бы иначе сформулировать как «введение в геронтологию морских транспортных судов».

Материал книги разбит на три главы. Первая глава посвящена рассмотрению причин и последствий физического износа двух основных конструктивно-функциональных элементов судна — корпуса и энергетической установки. Во второй главе старение судна рассматривается с точки зрения безопасности мореплавания. В заключительной главе дана оценка влияния возраста судна на экономическую эффективность его эксплуатации.

Автор надеется, что эта книга окажется полезной и будет благодарен за любые отзывы и замечания, которые можно присылать по адресу ilim81@yandex.ru.

1. Физический износ основных конструктивно-функциональных элементов морского судна

1.1. Физический износ корпуса судна и его последствия

Корпус, наряду с судовой энергетической установкой, является базовым конструктивно-функциональным элементом морского судна. Он представляет собой сложное инженерное сооружение, состоящее из большого числа конструктивных элементов, каждый из которых в процессе эксплуатации подвергается изнашиванию и разрушению. Несмотря на то что некоторые элементы могут неоднократно восстанавливаться путём их замены, физический износ корпуса в целом носит необратимый характер и является прямой или косвенной причиной большинства явлений, наблюдающихся в результате старения морского судна.

Основным видом повреждения, приводящим к физическому износу корпуса судна, является коррозия [1, с. 179 - 181]. Как известно, морская вода — сильный природный электролит. Поэтому металлический корпус судна коррозирует весьма интенсивно. Наружная часть корпуса особенно сильно подвержена коррозии в районе пояса переменной ватерлинии, в носовой части в районе буруна и в кормовом подзоре, так как здесь механическое действие волн разрушает защитную поверхностную плёнку, образуемую продуктами коррозии. Интенсивную коррозию испытывают сварные швы наружной обшивки корпуса, ахтерштевень, места под шпигатами, у отверстий забортной арматуры. У наливных судов значительной коррозии подвержены грузовые танки (особенно их верхние части, не защищённые грузом). Балки набора корпуса судна коррозируют в местах скопления влаги: в диптанках, балластных танках, у льял, в трюмах — при перевозке коррозионно-активных грузов (зерна, угля, химических удобрений и др.) [1, с. 179 - 181].

Интенсивность коррозии корпуса судна зависит от множества факторов: рода перевозимого груза, периодичности докований, свойств материала корпуса, вида применяемой антикоррозионной защиты. Помимо прочего, скорость коррозии зависит от района плавания судна, а именно от солёности и температуры морской воды: чем выше солёность и температура воды, тем выше скорость коррозии. Коррозия усиливается также из-за обрастания подводной части корпуса морскими микроорганизмами: они разрушают защитные покрытия корпуса и, кроме того, в процессе своей жизнедеятельности выделяют вещества, которые являются катализаторами коррозии [2, с. 50 - 60].

Коррозия корпуса судна может протекать очень неравномерно. Известны, например, случаи, когда на танкерах (перевозивших бензин) уже через 8 лет после спуска на воду приходилось заменять износившуюся среднюю часть корпуса, в то время как оконечности судна были вполне пригодны для дальнейшей эксплуатации [3]. В других случаях, наоборот, за 20 лет полностью изнашивалась носовая оконечность, а средняя часть корпуса находилась в удовлетворительном состоянии практически вплоть до момента списания судна [4, с. 37].

В табл. 1.1 приведены средние значения скорости коррозионного разрушения некоторых элементов корпуса сухогрузных судов [5].

Таблица 1.1

Среднестатистическая скорость коррозии корпусных конструкций судна

Наименование элемента корпуса	Скорость коррозии, мм/год
Наружная обшивка	
Надводный борт	0,10
Борт в районе переменных ватерлиний	0,17
Борт ниже района переменных ватерлиний	0,14
Днищевая обшивка, включая скулу	0,14
Настил верхней палубы	0,10
Надстройки, рубки и фальшборт	0,10
Переборки между трюмами (для навалочных грузов)	
верхний пояс	0,13
прочие поясья	0,18
Набор корпуса	
Продольные подпалубные балки и бимсы	0,12
Продольные балки бортов, рамные шпангоуты	0,10
Вертикальный киль, днищевые стрингеры, флоры	0,14

Помимо коррозии, корпус морского судна под действием постоянных статических и динамических нагрузок, а также вибрации испытывает интенсивное механическое изнашивание, приводящее к возникновению остаточных деформаций, трещин и прочих повреждений [4].

Коррозия и механическое изнашивание приводят к уменьшению местной и общей прочности корпуса судна. Интересно отметить, что это уменьшение начинает происходить не сразу: в первые несколько лет эксплуатации прочность судна, измеряемая моментом сопротивления поперечного сечения корпуса, остаётся практически неизменной и лишь затем начинает заметно снижаться [6]. Согласно исследованию [7], величина, на которую уменьшается общая прочность корпуса судна через t лет эксплуатации (относительно прочности нового судна), приближенно подчиняется закону распределения Вейбулла с параметром формы

$$k = 1{,}0742 + \frac{12{,}5717}{t}\left(1 - \frac{9{,}3355}{t}\right)$$

и параметром масштаба

$$\lambda = 0{,}005748 + 0{,}001753\, t - \frac{0{,}8029}{t^2}.$$

Математическое ожидание, а также 0,1-квантиль и 0,9-квантиль указанного распределения как функции от возраста судна показаны на рис. 1.1.

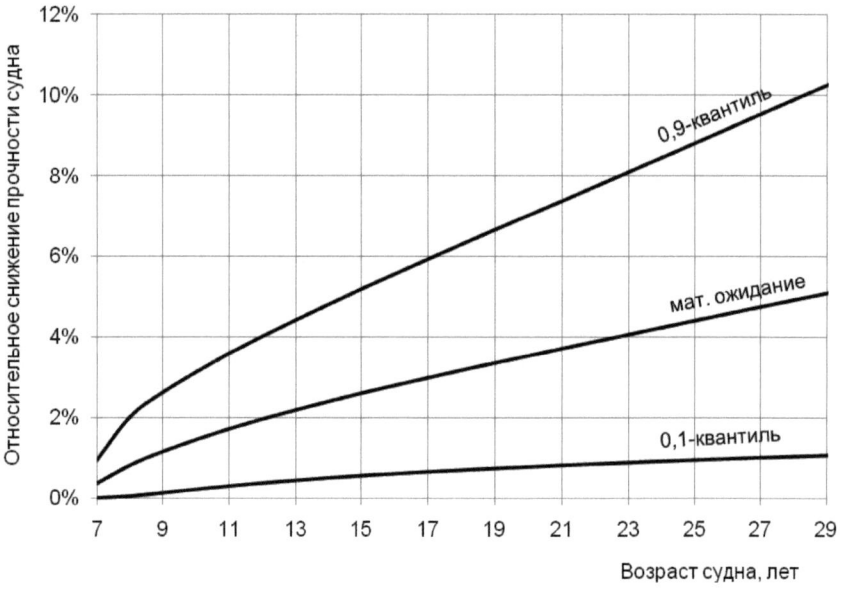

Рис. 1.1. Потеря общей прочности корпуса в зависимости от возраста судна

Как видно из рисунка, после первых 10 лет службы общая прочность судов снижается в среднем на 0,2 % в год. При этом величина потери прочности обнаруживает значительную дисперсию. В одном и том же возрасте у одного судна прочность корпуса может быть снижена незначительно, тогда как у другого величина потери прочности может достичь предельно допустимых 10%. При этом разброс величин потери прочности будет тем больше, чем больше возраст судов.

Физический износ корпуса судна имеет целый ряд негативных последствий для судовладельца.

Одно из этих последствий — это увеличение частоты повреждений корпуса судна в процессе его эксплуатации. На рис. 1.2, заимствованном из [8], представлены данные о частоте повреждений корпусов (non-accidental structural failures) нефтеналивных танкеров в зависимости от их возраста. Как видно из рисунка, возрастная динамика частоты повреждений корпуса неодинакова у судов разной грузоподъёмности: у танкеров VLCC и ULCC после пяти лет службы частота повреждений монотонно возрастает, тогда как у танкеров Suezmax она достигает наибольшего значения в возрасте 11-15 лет, а затем снижается. При этом у всех судов наблюдается повышенная частота повреждений в первые пять лет эксплуатации. Объяснение этого феномена, нужно, очевидно, искать в конструктивных и технологических дефектах, допущенных при постройке судов.

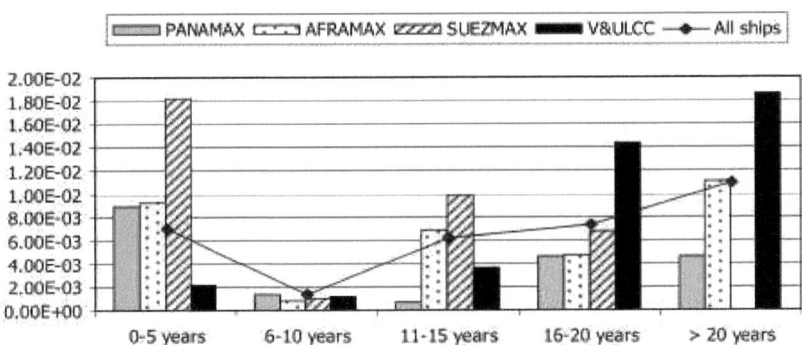

Рис. 1.2. Число неаварийных повреждений корпусов танкеров на одно судно в год в зависимости от возраста судов

У сухогрузных судов частота повреждений корпуса достигает максимального значения в возрасте 16-17 лет, а затем начинает снижаться [4, с. 21]. Это может быть объяснено тем, что часть конструкций корпуса восстанавливается при ремонте, и поэтому коррозионная стойкость и прочность корпуса повышаются [4, с. 33].

Другое последствие физического износа корпуса судна состоит в увеличении расходов на его доковый ремонт. Количественно оценить увеличение этих расходов по мере старения судна позволяют данные, представленные в табл. 1.2 [9, с. 232]. Интересно отметить, что, согласно указанным данным, после 15 лет эксплуатации затраты на ремонт корпуса судна несколько уменьшаются. Причина этого, по-видимому, заключается в том, что часть ремонтных работ, которая выполняется для создания определённого запаса прочности элементов корпуса, в этот период уже не производится [10, с. 91].

Таблица 1.2

Затраты на выполнение основных работ по доковому ремонту корпуса балкера класса Capesize в зависимости от возраста судна, долл. США (1993 г.)

Вид работ	Возраст судна, лет			
	0 – 5	6 – 10	11 – 15	16 – 20
Очистка и окраска корпуса	102.800	128.800	183.600	99.000
Замена стальных конструкций	70.000	350.000	1.190.000	840.000
Ремонт грузовых трюмов	22.200	64.200	126.000	150.000
Ремонт люковых закрытий и палубных дельных вещей	28.000	56.320	60.560	60.560
Ремонт балластных танков	36.400	23.200	26.000	47.400
Итого	295.400	622.520	1.586.160	1.196.960
Доля в общих расходах на ремонт, %	25,8	42,4	58,2	53,8

Примечание: суммы, приведенные в таблице, показывают общие расходы на выполнение соответствующих видов работ при прохождении судном двух классификационных освидетельствований (промежуточного и очередного) в течение соответствующего пятилетнего периода

Еще одно негативное последствие, к которому приводит физический износ корпуса, — это снижение технической скорости судна и увеличение расхода топлива. Причина этого лежит в том, что коррозионные повреждения наружной обшивки корпуса сопровождаются увеличением её шероховатости. За первые 15 лет эксплуатации шероховатость корпуса увеличивается приблизительно со 100 – 150 мкм до 500 – 800 мкм [11, 12]. Увеличение шероховатости приводит к значительному увеличению вязкостного сопротивления потока воды, обтекающего корпус судна при его движении [13, с. 79]. Вследствие этого, развивая ту же мощность двигателя, судно движется с меньшей скоростью. С другой стороны, мощность, которую должен развить судовой двигатель для поддержания заданной скорости хода, и, следовательно, расход топлива, возрастают [14], [15, с. 312].

Относительное увеличение $\Delta P/P$ мощности двигателя на валу и расхода топлива из-за увеличения шероховатости корпуса судна (танкера) можно приближенно оценить по следующей формуле [16]:

$$\frac{\Delta P}{P} = \left[0,3\left(1+\frac{\Delta R}{R}\right) + 0,7 \right]\left(1+\frac{\Delta R}{R}\right) - 1. \qquad (1.1)$$

Здесь $\Delta R/R$ — относительное увеличение силы сопротивления движению судна при увеличении шероховатости корпуса, которое определяется по формуле

$$\frac{\Delta R}{R} = 0,044\left[\left(\frac{k_2}{L}\right)^{\frac{1}{3}} - \left(\frac{k_1}{L}\right)^{\frac{1}{3}} \right]\frac{1}{C_T}, \qquad (1.2)$$

где k_1 и k_2 — первоначальная и конечная шероховатость корпуса соответственно (мкм), L — длина судна между перпендикулярами (мкм), C_T — коэффициент полного сопротивления, который грубо приближенно может быть принят равным $0,018\,L^{-1/3}$, где L выражено в метрах.

Согласно сказанному выше предположим, что шероховатость корпуса нового судна составляет в среднем 120 мкм и за 15 лет увеличивается линейно до 600 мкм. Другими словами, положим в (1.2) $k_1 = 120$ мкм и $k_2 = 120 + 32t$, где t — возраст судна. Тогда для $L = 150$ м (150×10^6 мкм) зависимость величины $\Delta P/P$ от возраста судна будет иметь вид, изображенный на рис. 1.3.

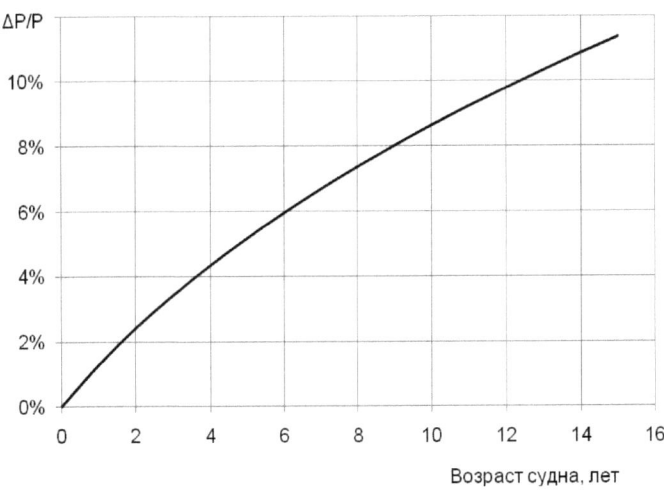

Рис. 1.3. Относительное увеличение расхода топлива в зависимости от возраста судна

Как видно из рисунка, в возрасте 15 лет судно, двигаясь с той же скоростью, будет затрачивать в среднем на 11% больше топлива, чем в первый год его эксплуатации (разумеется, при условии, что удельный расход топлива в главном двигателе судна останется неизменным). Не имея соответствующих данных, мы не можем здесь оценить расход топлива на судах возрастом старше 15 лет. Если, тем не менее, предположить, что после 15 лет эксплуатации шероховатость корпуса продолжает расти с той же скоростью, что и в первые 15 лет, то, согласно (1.1), расход топлива у судов возрастом 20 лет будет на 13,6%, а у судов возрастом 25 лет на 15,6% больше, чем у нового судна. Эти оценки, конечно, могут иметь лишь ориентировочное значение.

Отмеченные выше последствия старения морского судна, обусловленные физическим износом его корпуса, носят негативный характер. Однако можно отметить одно обстоятельство, которое, хотя и незначительно, может компенсировать указанные негативные последствия (своеобразное проявление витаукта в процессе старения судна). Это обстоятельство заключается в том, что вместе с уменьшением толщины элементов набора и обшивки корпуса вследствие их коррозионного разрушения уменьшается также и масса корпуса судна. Вследствие этого валовая грузоподъёмность (дедвейт) старого судна будет несколько больше, чем у аналогичного нового судна. Поэтому старое судно при перевозке «тяжелых» грузов (т. е. грузов, у которых удельный погрузочный объём (stowage factor) меньше или равен удельной грузовместимости судна) может до некоторой степени компенсировать негативные последствия старения за счет перевозки большего количества груза и, как следствие, получения большей суммы фрахта. Разумеется, это возможно только в тех случаях, когда судовладелец может влиять на количество перевозимого груза, например, когда по условиям чартера ему предоставляется право определить количество груза, которое будет погружено на судно, в пределах установленного марджина, либо при заключении чартера на условии full and complete cargo.

Попытаемся приближенно оценить возрастное снижение массы корпуса судна на примере балкера класса Panamax дедвейтом 90000 т, имеющего длину 235 м и объёмное водоизмещение по летнюю грузовую марку 100000 м^3. Для этого, воспользовавшись приближенной формулой Фруда [17], найдём, что площадь поверхности подводной части корпуса указанного балкера составляет около 12615 м^2. Учитывая, далее, что среднегодовое уменьшение толщины наружной обшивки корпуса судна в подводной части составляет 0,14 мм (см. табл. 1.1) и положив плотность материала обшивки корпуса равной 8400 кг/м^3 [18], получим, что за 20 лет масса корпуса балкера уменьшится приблизительно на 296 т. Поскольку коррозионному разрушению подвергается не только подводная часть корпуса, но и надводный борт, настил палубы, надстройка, балки набора и все остальные его элементы, очевидно, не будет преувеличением предположить, что уменьшение массы корпуса будет не менее чем в 2 раза большим полученного выше значения. Таким образом, дедвейт балкера возрастом 20 лет будет по меньшей мере на 592 т (0,7%) больше дедвейта нового судна. Данный расчет, конечно, может иметь лишь ориентировочное значение. При этом необходимо учесть, что часть элементов корпуса может быть заменена при ремонте. Во всяком случае, очевидно, что отмеченный положительный эффект старения судна весьма незначителен.

1.2. Последствия физического износа судовой энергетической установки

Судовая энергетическая установка (СЭУ) представляет собой сложный комплекс машин, механизмов, оборудования и устройств, предназначенных для выработки и использования энергии, необходимой для движения судна, выполнения грузовых операций, обеспечения сохранности груза и жизнедеятельности экипажа [19]. СЭУ состоит из главной (ГЭУ) и вспомогательной (ВЭУ) энергетических установок. К ГЭУ относятся те машины, механизмы и оборудование, которые обеспечивают движение судна. Её основными элементами являются главный двигатель, передачи и валопровод. Вместе с движителем (гребным винтом) ГЭУ образует так называемую пропульсивную установку судна. К ВЭУ относятся элементы СЭУ, не связанные с обеспечением движения судна: водоопреснительная установка, холодильная установка; машины и механизмы, обеспечивающие отопление и освещение судна и т. д. [19]. В состав СЭУ входят также системы (топливная, масляная, охлаждения, сжатого воздуха и др.), обеспечивающие функционирование и обслуживание ГЭУ и ВЭУ [19].

Сам по себе каждый элемент СЭУ, такой как главный двигатель судна, состоит из тысяч деталей, подвергающихся в процессе эксплуатации самым разным видам изнашивания и разрушения. При этом одни детали (фундаментные рамы, станины, блоки цилиндров двигателя и т. п.) имеют средний ресурс (срок службы) не менее срока службы всего судна в целом, а другие (подшипники, валы, поршневые кольца и т. д.) могут неоднократно заменяться или восстанавливаться в процессе эксплуатации судна [20, с. 80].

К сожалению, несмотря на обширную литературу, посвященную вопросам износа различных деталей и узлов судовых машин и механизмов, вопросы старения СЭУ в целом остаются мало исследованными. Так, например, известно, что старение судовых дизельных двигателей характеризуется увеличением расхода масла [21, с. 118]. Однако автору не удалось найти в специальной литературе работ, в которых бы давалась количественная оценка расхода масла в зависимости от возраста двигателя (именно возраста, а не продолжительности работы двигателя с момента окончания последнего ремонта). То же относится и к другим важным показателям СЭУ: удельному расходу топлива, КПД, потребности в запасных частях и др.

Несмотря на сказанное выше, можно указать следующие основные последствия физического износа СЭУ, которые могут быть охарактеризованы соответствующими количественными данными.

Первое последствие состоит в увеличении частоты отказов ГЭУ судна. Количественно оценить это увеличение позволяют данные, представленные ниже в табл. 1.3 [22].

Таблица 1.3

Частота отказов основных элементов ГЭУ в зависимости от возраста судна

| Элемент, износ которого стал причиной отказа | Число отказов на одно судно в год ($\times 10^2$) | | | | |
| | Возраст судна | | | | |
	0-5	6-10	11-15	16-20	> 20
Поршень	2,20	3,90	3,60	1,60	1,10
Коленчатый вал	0,83	0,89	0,94	0,93	0,32
Крышка цилиндра	0,75	1,76	1,75	0,72	0,57
Втулка цилиндра	1,43	2,14	2,02	1,02	0,72
Итого по ГД	5,21	8,69	8,31	4,27	2,71
Гребной вал	1,70	3,00	4,60	2,80	2,10
Дейдвудный подшипник	1,50	3,60	7,00	5,40	3,80
Промежуточный вал	0,31	0,48	0,79	0,84	0,45
Упорный вал	0,07	0,12	0,19	0,21	0,17
Итого по валопроводу	3,58	7,20	12,58	9,25	6,52
Итого по ГЭУ	8,79	15,89	20,89	13,52	9,23

Как видно из таблицы, частота отказов ГЭУ судов достигает наибольшего значения в возрасте 11-15 лет, а затем снижается. Это может быть объяснено тем, что после достижения указанного возраста основные элементы ГЭУ судна восстанавливаются при ремонте, и поэтому надёжность ГЭУ повышается. При этом, однако, нужно иметь в виду, что в табл. 1.3 учтены далеко не все детали и узлы ГЭУ судов.

Второе важное последствие физического износа энергетической установки судна — это увеличение расходов на её заводской ремонт. При этом, как показывают данные, представленные в табл. 1.4 [9, с. 232], увеличение расходов происходит за счет ВЭУ и систем СЭУ. Расходы же на ремонт ГЭУ с возрастом судна практически не изменяются. Следует также отметить, что, согласно табл. 1.4, общие расходы на ремонт СЭУ несколько снижаются после 15 лет эксплуатации судна. Такое же снижение, напомним, отмечается и в отношении расходов на ремонт корпуса судна (см. табл. 1.2).

Таблица 1.4

Затраты на ремонт СЭУ балкера класса Capesize в зависимости
от возраста судна, долл. США (1993 г.)

Элемент СЭУ	Возраст судна, лет			
	0 – 5	6 – 10	11 – 15	16 – 20
ГЭУ	46.000	42.000	48.000	48.000
ВЭУ	27.000	34.000	134.000	44.000
Системы СЭУ	18.000	37.000	50.000	34.000
Итого	91.000	113.000	232.000	126.000
Доля в общих затратах на ремонт, %	9,1	7,7	8,5	5,7

Примечание: суммы, приведенные в таблице, показывают общие расходы на ремонт элементов СЭУ при прохождении судном двух классификационных освидетельствований (промежуточного и очередного) в течение соответствующего пятилетнего периода

Наконец, следует отметить еще одно последствие старения СЭУ, которое заключается в увеличении удельного расхода топлива в главных двигателях судов. Об этом свидетельствуют данные, представленные ниже в табл. 1.5 [23, с.138]. При этом, однако, неясно, отражают ли указанные данные физический износ или моральное старение судовых двигателей, обусловленное совершенствованием конструкции и технологии их постройки.

Таблица 1.5

Удельный расход топлива судовых двигателей, г/кВт-ч

Год постройки двигателя	Тип двигателя			
	Д МОД	Ч СОД/ВОД (> 5000 кВт)	Ч СОД/ВОД (1000-5000 кВт)	Ч СОД/ВОД (< 1000 кВт)
1970-1983	180-200	190-210	200-230	210-250
1984-2000	170-180	180-195	180-200	200-240
2001-2007	165-175	175-185	180-200	190-230

Примечание: Д – двухтактный, Ч – четырёхтактный; МОД, СОД и ВОД – соответственно малооборотный, среднеоборотный и высокооборотный двигатель

2. Старение морского судна с точки зрения безопасности мореплавания

2.1. Роль человеческого фактора

После изложенного в предыдущей главе предположение о том, что старение морских судов — собственно, вследствие увеличения частоты повреждений корпуса и отказов ГЭУ — должно приводить к росту их аварийности, представляется на первый взгляд достаточно очевидным и не нуждается в каких-либо особых аргументах. Однако при более внимательном рассмотрении этого вопроса обнаруживаются определённые противоречия, которые до настоящего времени продолжают оставаться не вполне разъяснёнными. По-видимому, многие практические специалисты усомнились бы в справедливости высказанного выше предположения, и, вообще говоря, отнюдь не безосновательно.

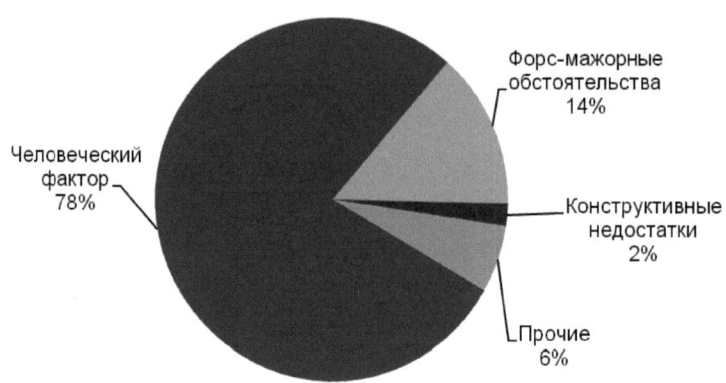

Рис. 2.1. Основные причины аварий морских судов с классом РС

На рис. 2.1 [24] приведены данные Российского Морского Регистра Судоходства (РС), отражающие весьма распространённое в судоходстве представление, согласно которому главную причину аварий морских судов нужно видеть в так называемом человеческом факторе — безответственности, халатности, невнимательности, недостаточной профессиональной подготовке членов судового экипажа и т. п. Согласно такому воззрению, даже и отсутствие в ином случае прямой вины экипажа судна ещё «не говорит, что здесь не присутствует человеческий фактор, а именно: плохое навигационно-гидрографическое обеспечение, конструктивные недостатки судна, некачественный ремонт, неправильная политика судоходной компании в отношении безопасности, недостаточный контроль со стороны классификационных обществ» [25].

Нелишне, может быть, заметить, что подобное рассмотрение имеет место не только в судоходстве. Так, например, около 75 % аварий строительных конструкций и 55 % аварийных остановок реакторов на АЭС также принято считать обусловленными человеческим фактором [26, с. 439 – 440].

Итак, если именно человеческий фактор, в согласии с общепринятым представлением, служит главной причиной аварий морских судов, то мы, очевидно, должны заключить, что старение морского судна едва ли может сколько-нибудь существенно отразиться на безопасности мореплавания. В самом деле, ведь человеческий фактор обязан своим происхождением природе самого человека. При этом ни возраст, ни какие-либо другие характеристики судна вообще не играют роли. «Морской специалист, имеющий соответствующие знания и профессиональные навыки, должен действовать эффективно в любой кризисной ситуации на судне» [27], и надо думать, что вне всякой зависимости от возраста этого судна.

Таким образом, с изложенной точки зрения, судоходство не имеет решительно никаких оснований рассматривать возраст морских судов как существенный фактор безопасности мореплавания.

Между тем, судоходство не только признаёт наличие тесной связи между возрастом судна и уровнем его безопасности, но иногда даже склонно эту связь «драматизировать». Таково, в частности, положение в области морского страхования: как известно, возраст судна — один из факторов, существенно влияющих на величину страховой премии [28]. Порядок инспектирования судов органами государственного портового контроля в рамках региональных Меморандумов даёт даже основание говорить о возрастной дискриминации судов [29, 30, 31].

Указанное противоречие могло бы найти себе объяснение в допущении, что пресловутый человеческий фактор определённым образом связан с возрастом судов, т. е. что по какой-то причине человек тем более склонен допускать ошибки или пренебрегать своими должностными обязанностями при эксплуатации судна, чем больше возраст этого судна.

Такое допущение может считаться весьма правдоподобным. Опыт показывает, что экипажи старых судов имеют сравнительно низкую квалификацию [32, с.162]. Вероятно, причиной этому может служить стремление судовладельцев снизить расходы по эксплуатации старых судов за счет найма менее квалифицированных экипажей. Возможно, на старых судах имеет место какой-то психологический феномен снижения «качества деятельности персонала» [33].

Следует, однако, отметить, что, по мнению некоторых специалистов (см., например, [34, 35]), роль человеческого фактора, вообще говоря, чрезмерно преувеличивается. Считая подавляющее большинство аварий обусловленными исключительно человеческим фактором, судоходство, по существу, приписывает человеку неограниченную способность (и поэтому обязанность) действовать эффективно в любой кризисной ситуации, совершенно отвлекаясь при этом от реальных возможностей человека. Однако мореплавание до настоящего времени остаётся одной из наиболее опасных сфер человеческой деятельности, в которой высокая квалификация и большой опыт не всегда позволяют избежать аварий. В этой связи адмирал С. О. Макаров писал: «…Во время аварии происходят такие события, которые большинству случается видеть в первый раз. От выбора того или другого решения, от отдания того или иного приказания зависит судьба судна, а между тем распоряжения эти … приходится каждому участнику делать в первый раз; в действительности же можно рассчитывать на искусство распорядителя лишь тогда, когда он делает привычное ему дело» (цитируется по [36, с. 6]).

Как бы то ни было, многочисленные исследования показывают, что рост аварийности судов по мере их старения действительно имеет место.

2.2. Зависимость относительной частоты аварий от возраста судна

Представим некоторую совокупность морских судов в виде множества точек, образующих на плоскости произвольную фигуру G (рис. 2.2). Пусть эта фигура состоит из нескольких отдельных областей g_i, соответствующих судам разного возраста. Представим, что на фигуру G случайным образом бросаются точки. Попадание брошенной точки в ту или иную точку фигуры G будет обозначать возникновение аварии на одном из судов. Тогда, если фигура G вполне однородна в том смысле, что брошенная точка может с одинаковой вероятностью оказаться в любой точке фигуры G, то места попадания брошенных точек будут распределены более или менее равномерно (с одинаковой плотностью) по всей площади фигуры. При этом число попаданий в ту или иную отдельную область g_i будет пропорционально площади этой области, а отношение числа точек, попавших в область g_i, к общему числу точек, упавших на фигуру G, будет приблизительно равно доле площади g_i от площади всей фигуры G. Если же однородность G нарушена в силу каких-либо причин, т. е. если имеет место различие в вероятности попадания бросаемых точек в ту или иную область g_i, то места попадания точек будут распределены на протяжении G с неодинаковой плотностью. Такой эффект осуществлялся бы, например, если бы одни области фигуры *G* притягивали к себе бросаемые наудачу точки, а другие, напротив, отталкивали бы их от себя.

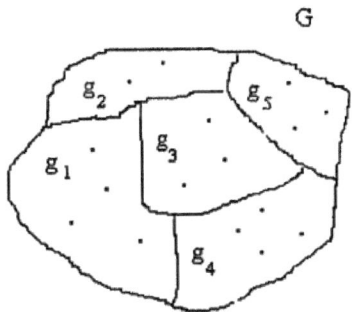

Рис. 2.2. К пояснению метода исследования зависимости аварийности судов от их возраста

Пользуясь описанной выше геометрической аналогией, условие, позволяющее определить, отражается ли старение морских судов на частоте возникновения аварий, можно сформулировать следующим образом. Если частота возникновения аварий никак не связана с возрастом судов, то доли всех возрастных групп в числе судов, потерпевших аварии, и доли этих возрастных групп в общем составе флота должны приблизительно совпадать между собой. Другими словами, возрастная структура судов, потерпевших аварии, должна быть тождественна (статистически) с возрастной структурой флота в целом. Иначе значило бы, что аварии распределяются по разным возрастным группам судов несоответственно долям этих групп в составе флота и, следовательно, частота аварий судна так или иначе связана с его возрастом.

Таким образом, определение зависимости частоты возникновения аварий от возраста судна должно сводиться к измерению различия между распределением возраста судов, потерпевших аварии, и возрастной структурой флота в целом. Исследования же, основанные только на анализе возрастного состава судов, потерпевших аварии, (такие исследования можно встретить в литературе) не могут дать удовлетворительного ответа на поставленный вопрос. То обстоятельство, например, что на суда возрастом старше 20 лет приходится больше аварийных случаев, чем на суда возрастом до 15 лет [37], само по себе ещё не даёт основания утверждать, что аварийность судов увеличивается по мере их старения.

В соответствии со сказанным выше, сравним возрастную структуру мирового флота (суда больше 500 GT) в 2009 г. [38] с возрастной структурой судов (также больше 500 GT), потерпевших в 2009 г. серьёзные аварии (serious losses),

а также случаи полной фактической или конструктивной гибели (total losses).[1]
Обе указанные структуры представлены в виде гистограмм на рис. 2.3.

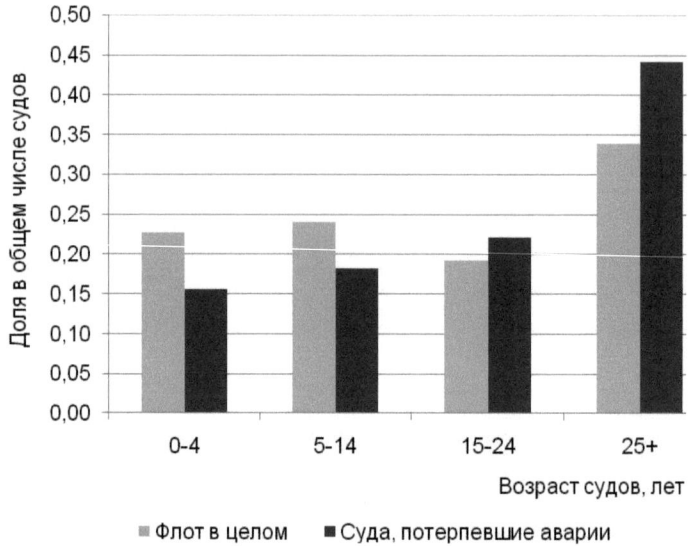

Рис. 2.3. Возрастная структура судов мирового флота (больше 500 GT), потерпевших аварии, и мирового флота в целом в 2009 г.

Как видно из рисунка, возрастная структура судов, потерпевших аварии, не совпадает с возрастной структурой флота в целом, как должно было бы быть при отсутствии какой-либо связи между уровнем аварийности судов и их возрастом. Легко видеть, в частности, что доля судов возрастом до 14 лет в общем составе флота больше, чем в числе судов, потерпевших аварии, тогда как доля судов старше 14 лет больше в числе судов, потерпевших аварии, чем в общем составе флота. Возвращаясь к приведенной выше геометрической аналогии, мы можем выразить этот результат, сказав, что суда возрастом старше 14 лет как бы «притягивают» к себе аварии, тогда как суда меньшего возраста, наоборот, «отталкивают» их от себя.

Для того чтобы на основании данных рис. 2.3 оценить частоту возникновения аварий на судах разного возраста, воспользуемся следующим очевидным соотношением:

---

[1] Возрастная структура судов мирового флота, потерпевших аварии в 2009 г., была определена автором путем вычитания из числа аварий за период 1994 – 2009 гг. [39] числа аварий за период 1994 – 2008 гг. [40] по каждой возрастной группе судов.

$$\frac{N_i^*}{N_i} = \frac{A_i}{B_i} \cdot \frac{N^*}{N}, \qquad (2.1)$$

где N_i^* и A_i — соответственно число и доля аварий, произошедших с судами i-той возрастной группы, в общем числе аварий; N_i и B_i — соответственно количество и доля судов i-той возрастной группы в составе флота; N — общее количество судов в составе флота; N^* — общее число аварий за данный период времени. Очевидно, что отношение в левой стороне уравнения (2.1) есть не что иное, как относительная частота, или статистическая вероятность, аварий судов i-той возрастной группы, а отношение N^*/N в правой части уравнения — относительная частота аварий в среднем для всего флота в целом. Обозначим первое из указанных отношений через C_i, а второе — через K.

Согласно (2.1), мы можем оценить относительную частоту C_i аварий для судов разного возраста, вычислив величину отношения A_i/B_i для каждой возрастной группы судов и умножив её на величину K (в 2009 г. она составила приблизительно 0,016). Результаты вычислений по данным рис. 2.3 представлены графически на рис. 2.4.

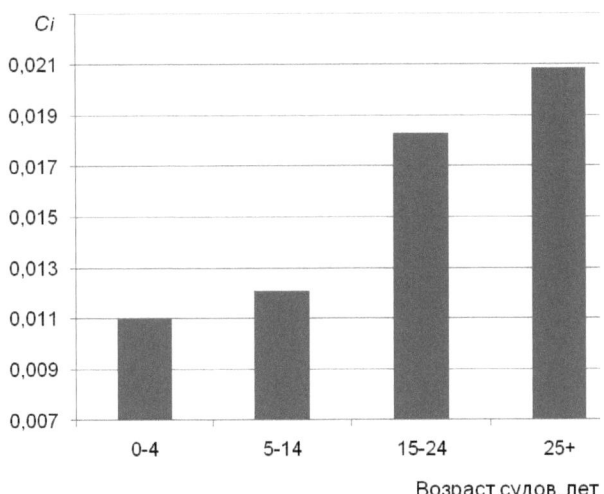

Рис. 2.4. Зависимость относительной частоты аварий от возраста судов (серьёзные аварии и случаи полной гибели судов мирового флота больше 500 GT в 2009 г.)

Следует заметить, что величина C_i является *случайной* функцией возраста судна. На рис. 2.4 показана лишь одна из возможных реализаций этой случайной функции, которая наблюдалась в 2009 г. Поэтому только на основании данных рис. 2.4 еще нельзя сделать вывод о том, что относительная частота аварий судов действительно зависит от их возраста. Однако множество других исследований подтверждают этот вывод. При этом ряд исследований (см., например, [41, 42, 43, 44]) приводят к заключению, что зависимость относительной частоты аварий от возраста судна отнюдь не носит такой монотонный характер, как показано на рис. 2.4. Так, согласно [41, 45], частота аварийных происшествий и серьёзных аварий у нефтеналивных танкеров достигает наибольшего значения в возрасте 15-20 лет, а затем снижается (рис. 2.5). Относительная частота случаев полной гибели танкеров также снижается после максимума в возрасте 20-25 лет. В работе [44] пик аварийности судов в возрасте 15-19 лет отмечается также и при рассмотрении мирового флота в целом (можно предположить, что на рис. 2.4 этот пик мог быть потерян из виду вследствие группировки судов по более укрупнённым возрастным категориям).

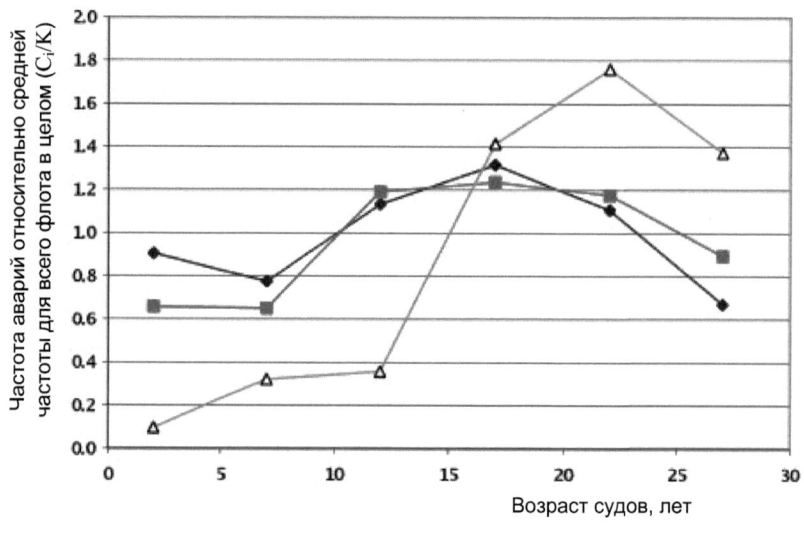

◆ аварийные происшествия (incidents)   ■ серьёзные аварии (serious casualties)
△ случаи полной гибели (total losses)

Рис. 2.5. Значения величины C_i/K для танкеров разного возраста

То обстоятельство, что уровень аварийности судов снижается после достижения ими возраста 15-20 лет, представляется на первый взгляд весьма странным. Однако оно становится понятным, если вспомнить о возрастной динамике частоты повреждений корпуса и отказов ГЭУ судов, которая, как было отмечено в предыдущей главе, также характеризуется наличием максимумов в возрасте около 15 лет.

Другое объяснение можно было бы видеть в том, что суда возрастом старше 15-20 лет менее активно используются в перевозках и поэтому менее подвержены риску возникновения аварий [41].

2.3. Зависимость уровня аварийности морского флота от его возрастной структуры

Как было показано в предыдущем разделе, относительная частота аварий морских судов зависит от их возраста. Очевидно, что вследствие этого обстоятельства уровень аварийности морского флота (мирового флота в целом, флота судоходной компании и т. п.) будет зависеть от его возрастной структуры, т. е. от соотношения числа судов разного возраста в составе флота. В связи с этим естественно поставить вопрос: от каких параметров возрастной структуры флота зависит уровень его аварийности и как именно?

Будем оценивать уровень аварийности флота K отношением числа аварий, произошедших с судами флота за некоторый период времени, к общему числу судов в составе флота. Тогда, используя введённые ранее обозначения, мы можем написать следующее уравнение

$$K = \sum_i C_i B_i \,. \tag{2.2}$$

Согласно (2.2), зависимость уровня аварийности флота от его возрастной структуры будет определяться тем, как именно величина C_i зависит от возраста судна. Ранее было отмечено, что C_i представляет собой случайную функцию, отдельные реализации которой могут иметь, вообще говоря, совершенно непредсказуемый характер. Поэтому не имеет смысла говорить о какой-либо функции, которая бы однозначно определяла величину C_i в зависимости от возраста i судна. Речь может идти лишь о том, что математическое ожидание случайной функции C_i — обозначим его через $c(i)$ — приблизительно удовлетворяет какому-либо определённому закону. Как явствует из рис. 2.4 и рис. 2.5, этот закон, по-видимому, должен носить нелинейный характер. С математической точки зрения это означает, что функция $c(i)$ должна иметь производные высшего порядка.

Предположим, что $c(i)$ есть некая аналитическая функция, которая может быть представлена в виде разложения в ряд Тейлора по целым положительным степеням $(i - a)$. Положив $a = i_1$, где i_1 — средний возраст судов в составе флота, и пренебрегая для простоты членами, содержащими производные более высокого порядка, чем четвёртого, напишем разложение $c(i)$ в виде

$$c(i) = c(i_1) + c'(i_1)(i - i_1) + \frac{c''(i_1)}{2!}(i - i_1)^2 +$$

$$+ \frac{c'''(i_1)}{3!}(i - i_1)^3 + \frac{c^{(4)}(i_1)}{4!}(i - i_1)^4.$$

Тогда, подставив последнее выражение в (2.2), получим

$$\overline{K} = c(i_1)\sum_i B_i + c'(i_1)\sum_i B_i(i - i_1) + \frac{c''(i_1)}{2!}\sum_i B_i(i - i_1)^2 +$$

$$+ \frac{c'''(i_1)}{3!}\sum_i B_i(i - i_1)^3 + \frac{c^{(4)}(i_1)}{4!}\sum_i B_i(i - i_1)^4, \tag{2.3}$$

где $\overline{K}$ — математическое ожидание случайной величины K. Заметив, далее, что сумма вида

$$\sum_i B_i(i - i_1)^n$$

есть не что иное, как центральный момент распределения возраста судов n-го порядка и учитывая, что

$$\sum_i B_i = 1,$$

выражение (2.3) можно переписать в виде

$$\overline{K} = c(i_1) + c'(i_1)\mu_1 + \frac{c''(i_1)}{2}\mu_2 + \frac{c'''(i_1)}{6}\mu_3 + \frac{c^{(4)}(i_1)}{24}\mu_4,$$

где μ_1, μ_2, μ_3 и μ_4 — центральные моменты распределения возраста судов соответственно 1-го, 2-го, 3-го и 4-го порядка. Учитывая, что $\mu_1 = 0$, и воспользовавшись для остальных моментов следующими известными соотношениями:

$$\mu_2 = \sigma^2, \quad \mu_3 = \gamma_1\sigma^3, \quad \mu_4 = (\gamma_2 + 3)\sigma^4,$$

где σ, γ_1 и γ_2 — соответственно среднее квадратическое отклонение, асимметрия и эксцесс распределения возраста судов, окончательно получим

$$\overline{K} = c(i_1) + \frac{c''(i_1)}{2}\sigma^2 + \frac{c'''(i_1)}{6}\gamma_1\sigma^3 + \frac{c^{(4)}(i_1)}{24}(\gamma_2 + 3)\sigma^4. \tag{2.4}$$

Таким образом, мы приходим к выводу, что уровень аварийности флота будет зависеть не только от среднего возраста судов i_1, входящих в состав флота, но и от других числовых характеристик его возрастной структуры, главным образом, от среднего квадратического отклонения σ возраста судов. Следует отметить, что этот результат получается как следствие нелинейного характера зависимости аварийности судов от их возраста, а отнюдь не связан с каким-либо конкретным видом функции $c(i)$ (при условии, что эта последняя принадлежит классу аналитических функций).

Полученный вывод представляет собой гипотезу. Сопоставив статистические данные об уровне аварийности мирового флота (или какого-либо иного флота) с данными о его возрастной структуре за достаточно длительный период времени, мы могли бы, используя известные методы математической статистики, проверить эту гипотезу. Однако, попытавшись сделать это, мы наталкиваемся на одно существенное затруднение. Суть его состоит в том, что публикуемые статистические данные о возрастной структуре мирового флота фактически ограничиваются только одним её параметром — средним возрастом судов. Другие параметры возрастной структуры, которые, согласно (2.4), также могут оказывать влияние на уровень аварийности флота, не подлежат систематическому учёту. Кроме этого, исследование осложняется еще и тем обстоятельством, что суда, стоящие на приколе или выведенные из эксплуатации по другим причинам, очевидно, не вносят вклада в аварийность флота. Поэтому для исследования имеет значение возрастная структура не всего флота в целом, а только возрастная структура активного флота. Зная возрастную структуру флота в целом, мы могли бы легко определить возрастную структуру активного флота, если бы нам была известна возрастная структура неактивного флота. Однако такие данные также нигде не публикуются.

Автор надеется, что изложенные выше рассуждения могли бы послужить основанием для морского сообщества начать вести систематический учёт не только среднего возраста судов, но также и других параметров возрастной структуры, входящих в уравнение (2.4), как для всего мирового флота в целом, так и для его активной и (или) неактивной части.

3. Экономические аспекты старения морского транспортного судна

3.1. Зависимость расходов по эксплуатации судна от его возраста

Морское транспортное судно представляет для судовладельца инструмент получения прибыли. С этой точки зрения при рассмотрении экономических аспектов старения судна существенное значение прежде всего имеет ответ на вопрос о том, каким образом старение судна отражается на величине расходов по его эксплуатации.

Расходы, связанные с эксплуатацией морского судна, можно условно разделить на постоянные и переменные[1].

К постоянным относятся те расходы, которые обеспечивают поддержание судна в состоянии, пригодном во всех отношениях для выполнения перевозок грузов. Основными статьями постоянных расходов являются:

1) техническое обслуживание (ТО) и ремонт;

2) содержание экипажа судна (заработная плата, питание, страхование, репатриация и пр.);

3) снабжение судна (смазочные материалы, рабочие инструменты и инвентарь, бытовые предметы и т. п.);

4) страхование судна;

5) капитальные расходы (выплаты по кредитам, привлеченным для приобретения судна)[2];

6) административно-управленческие и прочие косвенные расходы.

К переменным, или рейсовым, расходам относятся расходы, которые непосредственно связаны с выполнением перевозок грузов. Основными статьями переменных расходов являются:

1) топливо;

2) портовые сборы (включая оплату услуг лоцманов и буксиров);

3) плата за прохождение каналов;

4) агентирование (оплата дисбурсментских счетов);

5) стивидорные расходы (расходы на погрузку и выгрузку грузов в портах).

---

[1] В зарубежной литературе постоянные и переменные расходы принято называть соответственно «operating costs» и «voyage costs»

[2] К капитальным расходам относятся также амортизационные отчисления. Однако поскольку эти отчисления не приводят к непосредственному расходу денежных средств судовладельца, то мы их здесь не учитываем

В табл. 3.1 дана качественная оценка зависимости перечисленных статей расходов от возраста судна. Словом «нет» в таблице отмечены те статьи расходов, которые не позволяют усмотреть какой-либо связи с возрастом судна и поэтому по мере его старения должны, очевидно, оставаться неизменными. Тильдой отмечена статья расходов, которая косвенно связана с возрастом судна, но существенно зависит от других факторов. Остальные статьи расходов, за исключением расходов на содержание экипажа, отмечены символом ↗, означающим, что величина этих расходов определённо увеличивается с возрастом судна.

Таблица 3.1

Качественная оценка влияния возраста судна на величину расходов

Статья расходов	Зависимость от возраста судна
Постоянные расходы	
ТО и ремонт	↗
Содержание экипажа	?
Снабжение	↗
Страхование	↗
Капитальные расходы	~
Прочие расходы	нет
Переменные расходы	
Топливо	↗
Портовые и канальные сборы	нет
Агентирование	нет
Стивидорные расходы	нет

Как было показано в гл. 1, увеличение расходов на топливо по мере старения судна обусловливается увеличением шероховатости корпуса, а также удельного расхода топлива в главном двигателе судна.

Увеличение расходов на ремонт и техническое обслуживание, так же как и расходов на топливо, является прямым следствием физического износа судна. Это увеличение касается не только расходов на доковый ремонт, выполняемый во время промежуточных и очередных классификационных освидетельствований (табл. 1.2 и табл. 1.4), но и расходов на другие виды работ по техническому обслуживанию и ремонту судна, выполняемые на судоремонтных предприятиях и непосредственно на борту судна в процессе его эксплуатации.

Рост расходов на снабжение судна связан с увеличением расхода смазочных материалов (моторного масла) вследствие физического износа судовой энергетической установки.

Чтобы понять причину увеличения расходов на страхование судна, следует заметить, что для любого страховщика страхование судна будет выгодно только в том случае, если выполняется неравенство [46, с. 33]

$$c > pV, \qquad (3.1)$$

где c — сумма страховой премии, p — вероятность наступления страхового случая и V — страховая сумма, заявленная страхователем-владельцем судна. В предыдущей главе было показано, что величина p возрастает по мере старения судов. Поэтому при прочих равных условиях, чем больше возраст судна, тем выше, согласно (3.1), будет размер страховой премии при его страховании. Это и является причиной увеличения затрат судовладельца как на H&M-страхование, так и на P&I-страхование судна по мере его старения.

Если увеличение расходов на топливо, снабжение, ремонт и страхование естественным образом объясняется физическим износом судна, то с расходами на содержание экипажа дело обстоит не столь однозначно. Поэтому в табл. 3.1 эта статья расходов отмечена вопросительным знаком. Очевидно, что основным фактором, влияющим на величину расходов на содержание экипажа, является численность последнего. Однако автору не известно ни одного исследования, в котором была бы установлена связь численности экипажа с возрастом судна. В международных правовых документах, регламентирующих правила комплектования экипажей морских судов (см., например, [47]), возраст судна также не рассматривается в качестве фактора, который должен учитываться при определении минимальной безопасной численности экипажа.

На первый взгляд кажется разумным предположить, что по мере старения судна численность экипажа и, следовательно, расходы на его содержание должны оставаться неизменными. Действительно, ведь состав экипажа главным образом определяется типом и грузоподъёмностью судна, типом и мощностью СЭУ и другими факторами, которые с возрастом судна не изменяются. Однако если учесть, что экипаж должен обеспечивать выполнение текущих работ по ТО и ремонту судна, и объём этих работ возрастает по мере его старения, то численность экипажа тоже должна увеличиваться. Именно таким образом известный экономист Мартин Стопфорд, приводя пример трёх балкеров Capesize возрастом 5, 10 и 20 лет, объясняет различие численности экипажей этих судов [9, с. 229]. В указанном примере численность экипажа судна возрастом 5 лет составляет 20 чел., на судне возрастом 10 лет экипаж состоит уже из 24 чел., а на судне возрастом 20 лет количество членов экипажа возрастает до 28. Соответственно увеличению численности экипажа увеличиваются и расходы на его содержание. Следует, однако, отметить, что в приведённом примере речь идёт не об одном и том же судне, а о трёх разных судах. Поэтому остаётся неясным, можно ли объяснить различие численности экипажей этих судов исключительно разной степенью их физического износа, или же это различие связано с наблюдаемой в последние несколько десятилетий тенденцией сокращения численности экипажей, которая обусловлена совершенствованием конструкции и оборудования судов.

Подводя промежуточный итог, можно сделать вывод, что без учета капитальных расходов суммарная величина расходов, связанных с эксплуатацией судна, увеличивается по мере его старения. Оценить это увеличение количественно позволяют данные, представленные ниже в табл. 3.2.

Таблица 3.2

Годовые эксплуатационные расходы балкеров Capesize возрастом 5, 10 и 20 лет без учета капитальных расходов, долл. США (1993 г.)

Статья расходов	Возраст судна, лет		
	5	10	20
ТО и ремонт	384.480	637.304	991.884
Содержание экипажа	559.000	655.000	719.000
Снабжение	216.000	226.000	261.000
Страхование	560.000	670.000	1.230.000
Прочие расходы	250.000	240.000	250.000
Итого постоянные расходы	1.969.480	2.428.304	3.451.884
Переменные расходы	2.923.000	3.100.000	3.543.000
Итого за год	4.892.480	5.528.304	6.994.884
Итого в среднем за сутки	13.404	15.146	19.164

Примечания:
1) постоянные расходы для всех судов, а также переменные расходы для балкера возрастом 10 лет — по данным, приведённым в [48, с. 162];
2) переменные расходы для судов возрастом 5 и 20 лет рассчитаны автором на основании сравнения этих расходов с расходами судна возрастом 10 лет [9, с. 222];
3) в расходах на ТО и ремонт учтены среднегодовые расходы на доковый ремонт судов при прохождении ими классификационных освидетельствований [48, с. 167];
4) численность экипажа на судах возрастом 5, 10 и 20 лет составляет соответственно 20, 24 и 28 чел.

Следует подчеркнуть, что приведённые выше данные относятся не к одному и тому же судну, а к трём разным судам разных лет постройки. Поэтому эти данные могут отражать не только физическое, но и моральное старение судов.

Более подробно рассмотреть характер зависимости постоянных расходов судна от его возраста позволяют результаты исследования [50], приведенные ниже на рис. 3.1.

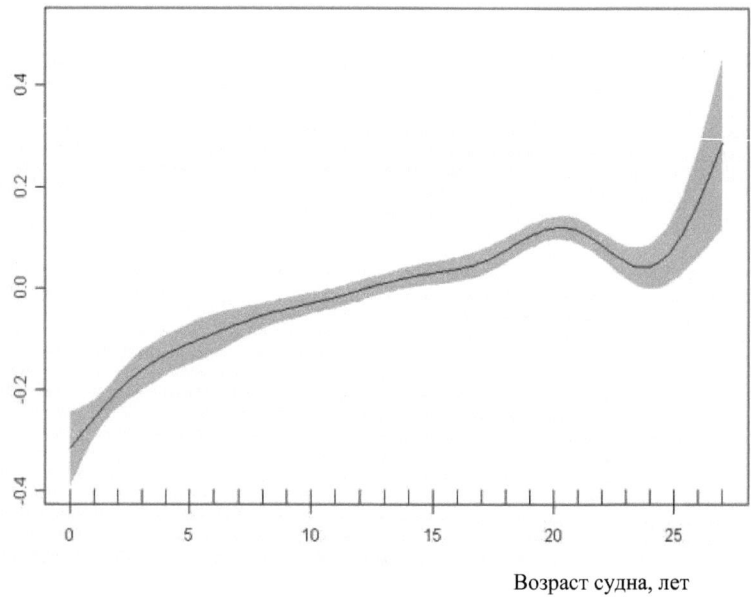

Возраст судна, лет

Рис. 3.1. Зависимость постоянных расходов судна от его возраста

Как видно из рисунка, в первые 5 лет эксплуатации величина расходов быстро возрастает. Это объясняется двумя первыми классификационными освидетельствованиями судна, которые оно проходит в этот период [50]. На интервале от 5 до 20 лет расходы увеличиваются практически линейно. А затем, приблизительно в возрасте 21 года расходы резко уменьшаются. Это можно объяснить тем, что по достижении судном указанного возраста судовладелец снижает расходы на ремонт судна. Напомним, что при обсуждении физического износа судна в гл. 1, такое снижение отмечалось как в отношении расходов на доковый ремонт корпуса судна, так и судовой энергетической установки (см. табл. 1.2 и табл. 1.4). Это связано с тем, что часть работ, которая обычно выполняется для создания определённого запаса прочности и надёжности судна, в этот период уже не производится, так как до его списания остаётся всего несколько лет [10, с. 91]. Однако если судно не было списано к 25 годам, и судовладелец находит целесообразным эксплуатировать его еще несколько лет, то он вынужден будет увеличить расходы на поддержание судна в надлежащем техническом состоянии. Этим можно объяснить резкий рост расходов судна в возрасте более 25 лет, показанный на рис. 3.1.

До сих пор капитальные расходы намеренно оставлялись в стороне, так как в контексте рассматриваемого вопроса эта статья расходов носит особый характер, отличный от других расходов. Указанная особенность состоит в том, что величина капитальных расходов, хотя и связана косвенно с возрастом судна (через его стоимость), но главным образом зависит от того, каким способом судовладелец финансировал его приобретение. Поясним это на следующем примере.

Пусть судовладелец приобрёл за 30 млн. ам. долл. балкер Capesize, которому только что «исполнилось» 5 лет. Предположим, что половину указанной суммы судовладелец оплатил за счёт собственных средств, а для оплаты другой половины привлёк кредит сроком на 5 лет по ставке 10% годовых. Тогда при дифференцированном способе погашения кредита судовладелец в течение 5 лет с момента покупки судна будет нести следующие расходы (в тыс. долл.):

Статья расходов	год 1	год 2	год 3	год 4	год 5
Погашение основного долга	3000	3000	3000	3000	3000
Проценты по кредиту	1500	1200	900	600	300
Итого	4500	4200	3900	3600	3300

Последний платёж по кредиту будет внесён, когда судно будет иметь возраст 9 лет, и в дальнейшем капитальные расходы будут равны нулю (напомним, что мы не учитываем амортизационные отчисления, так как они не приводят к непосредственному расходу денежных средств судовладельца).

Рис. 3.2 показывает, каковы будут в рассмотренном примере общие затраты судовладельца на эксплуатацию судна в возрасте 5, 10 и 20 лет (в предположении, что прочие расходы будут изменяться с возрастом судна в соответствии с данными табл. 3.2). Как видно из рисунка, эксплуатационные расходы судна в возрасте 5 лет будут превышать как расходы в возрасте 10 лет, так и возрасте 20 лет. Оставив прежними условия предыдущего примера, но уменьшив долю заёмных средств с 50% до 7%, получим другой результат (рис. 3.3).

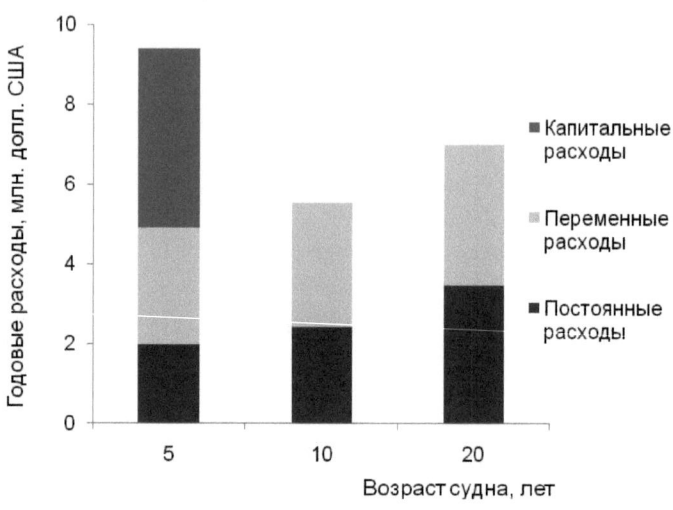

Рис. 3.2. Эксплуатационные расходы судна с учетом капитальных расходов (пример 1)

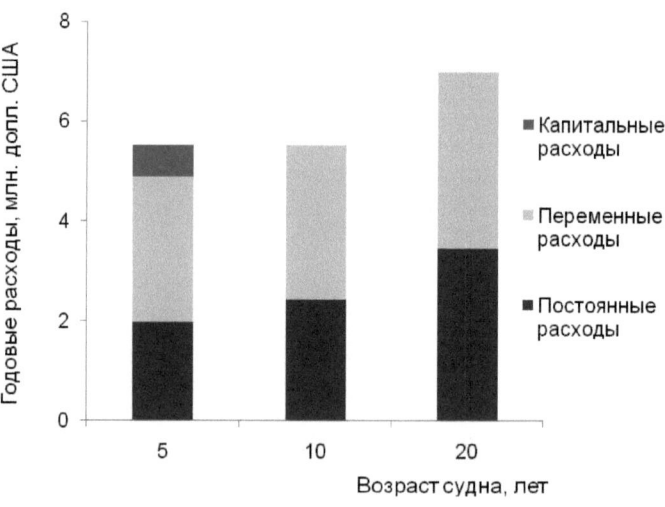

Рис. 3.3. Эксплуатационные расходы судна с учетом капитальных расходов (пример 2)

Изменяя условия финансирования покупки судна (соотношение собственных и заёмных средств, ставку, срок и способ погашения кредита), а также его стоимость, можно рассмотреть множество других сценариев. Но уже из двух приведённых примеров ясно, что капитальные расходы могут заметно «искажать» характер зависимости эксплуатационных расходов судна от его возраста.

3.2. Влияние возраста судна на величину доходов от его эксплуатации

Естественно предположить, что старение морского судна должно приводить не только к увеличению расходов судовладельца, но также и к снижению его доходов от коммерческой эксплуатации судна.

Средняя величина F дохода, получаемого от эксплуатации судна за некоторый период времени, может быть выражена в следующем виде (в предположении, что судно используется для перевозок грузов по рейсовым чартерам или трип-чартерам[1]):

$$F = \lambda f, \tag{3.2}$$

где λ — среднее число рейсов, выполняемых судном за данный период времени, а f — средний доход, получаемый за один рейс.

Согласно (3.2), уменьшение доходов от эксплуатации судна может происходить как за счет уменьшения величины λ, так и за счет уменьшения величины f. Очевидно, что по мере старения судна должно происходить и то, и другое.

Действительно, к уменьшению величины λ неизбежно должны приводить сразу два процесса, наблюдаемые в результате старения судна:

1) рост трудоёмкости и, как следствие, продолжительности плановых ремонтов судна вследствие его физического износа;

2) рост числа и продолжительности непроизводительных простоев, связанных с устранением последствий аварий.

Уменьшение с возрастом судна величины f может быть связано с тем, что возраст судна влияет на величину страховой премии при страховании грузов [28, с. 237]. При перевозке груза на судне, имеющем значительный возраст (как правило, выше 15 лет), фрахтователю придётся уплатить более высокую страховую премию. Поэтому фрахтование старого судна целесообразно для фрахтователя только в том случае, если его дополнительные расходы на страхование груза будут компенсированы путём соответствующего снижения фрахтовой ставки [49], что и будет служить причиной уменьшения величины f у старых

---

[1] Трип-чартер (trip-charter) — тайм-чартер, заключённый на время выполнения одного или нескольких последовательных рейсов судна

судов. Сказанное полностью соответствует результатам эмпирического исследования [50, с. 79], которое показывает, что средняя величина фрахтовых ставок у балкеров Panamax практически не изменяется в течение первых 15 лет эксплуатации и лишь затем начинает резко уменьшаться.

Следует, однако, заметить, что фрахтователь не всегда является одновременно и страхователем груза. Кроме того, фрахтователь может требовать снижения фрахтовой ставки лишь тогда, когда он является хозяином положения на фрахтовом рынке, — когда предложение тоннажа превышает спрос. Если же фрахтователь будет настаивать на снижении фрахтовой ставки для компенсации повышенных расходов на страхование груза в ситуации, когда на рынке имеет место дефицит тоннажа, то он, очевидно, не сможет зафрахтовать судно. Поэтому можно предположить, что зависимость размера фрахтовой ставки от возраста судна будет иметь место только в периоды низкой конъюнктуры фрахтового рынка, а в периоды высокой конъюнктуры (фрахтовых «бумов») возраст судна не будет иметь значения.

3.3. Зависимость рыночной стоимости судна от его возраста

Один из методов оценки объектов недвижимости — так называемый метод прямой капитализации — основан на зависимости, в силу которой рыночная стоимость объекта недвижимости прямо пропорциональна размеру прибыли, которая может быть получена в результате его использования [51, 52]. В соответствии с этим, поскольку прибыль от эксплуатации судна уменьшается по мере его старения, то и его рыночная стоимость как объекта недвижимости также должна уменьшаться.

Очевидно, что, помимо возраста, рыночная стоимость судна зависит и от других его характеристик: типа, грузоподъёмности, мощности СЭУ, расхода топлива, технического состояния судна и т. д. [53]. Главный же фактор, от которого в первую очередь будет зависеть стоимость судна — это конъюнктура фрахтового рынка, т. е. текущий уровень фрахтовых ставок. Повышение или понижение фрахтовых ставок немедленно приводит к росту или снижению рыночной стоимости судов вне зависимости от их возраста, грузоподъёмности и других факторов.

Учитывая сказанное, на основании фактических сделок купли-продажи морских судов (танкеров и балкеров), совершенных в 2003 – 2005 гг. [54, 55, 56], автором был выполнен регрессионный анализ зависимости рыночной стоимости судна от его возраста и валовой грузоподъёмности (дедвейта). Для того чтобы учесть влияние конъюнктуры фрахтового рынка, анализ выполнялся для каждого года отдельно.

Уравнение регрессии имеет вид

$$Z = CX^A B^Y \qquad (3.3)$$

где Z — рыночная стоимость судна, млн. долл.; X — дедвейт судна, т.; Y — возраст судна, лет; C, A и B — параметры регрессии.

Уравнение (3.3) даёт в общих чертах адекватное описание рассматриваемой зависимости. В частности, согласно (3.3) величина Z отлична от нуля при любых значениях возраста Y судна (рыночная стоимость судна, очевидно, не может обращаться в ноль ни при каком возрасте). При неизменном дедвейте X стоимость судна будет тем меньше, чем больше его возраст (предполагается, что значение параметра B должно быть меньше 1). Для судов одного возраста величина Z будет тем больше, чем больше дедвейт судна (при $A > 0$).

Результаты регрессии по методу наименьших квадратов представлены ниже в табл. 3.3. Во всех случаях значения F-критерия Фишера значительно больше табличных значений при уровне значимости 0,05.

Таблица 3.3

Расчетные значения параметров регрессии

Год	Параметры			N	R^2
	A	B	C		
Балкеры					
2003	0,570	0,915	0,057	166	0,92
2004	0,665	0,939	0,030	283	0,88
2005	0,622	0,940	0,058	203	0,90
Танкеры					
2003	0,548	0,902	0,104	117	0,90
2004	0,600	0,918	0,070	144	0,84
2005	0,600	0,922	0,089	108	0,82

Примечание: N — число рассмотренных сделок купли-продажи судов, R^2 — скорректированный коэффициент детерминации

Как видно из таблицы, значения параметра регрессии B находятся в интервале от 0,90 до 0,94. Отсюда можно заключить, что рыночная стоимость судов по мере их старения уменьшается в геометрической прогрессии в среднем на 6 − 10 % в год.

3.4. Характеристическая кривая старения судна

При рассмотрении фактических сделок по фрахтованию морских судов на условиях тайм-чартера, имевших место в первом полугодии 2003 г., автор находил отношение тайм-чартерной ставки, по которой фрахтовалось судно в каждой из сделок, к текущей рыночной стоимости судна, вычисленной с помощью описанной выше регрессионной модели. Так, например, если балкер дедвейтом 74500 тонн 1998 года постройки фрахтовался на срок 4 − 6 месяцев по ставке 13200 долл. в сутки, а стоимость самого балкера, вычисленная по уравнению регрессии, составляла около 22 млн. долл., то искомое отношение равнялось 13200/22000000 = 0,0006.

В результате такого сопоставления оказалось, что для судов одного возраста отношение тайм-чартерной ставки к текущей рыночной стоимости судна имеет в среднем одно и то же значение. Другими словами, величина тайм-чартерной ставки f и текущая рыночная стоимость судна Z оказываются связанными соотношением

$$\frac{f}{Z} \approx k, \tag{3.4}$$

где коэффициент пропорциональности k зависит от возраста судна.

Результаты вычислений коэффициента k для танкеров и балкеров приведены на рис. 3.4. Как видно из рисунка, с увеличением возраста судов величина k возрастает. Этот результат является, очевидно, следствием того обстоятельства, что рыночная стоимость судна изменяется в зависимости от его возраста значительно сильнее, чем размер тайм-чартерных ставок.

Предположение автора состоит в том, что величина k представляет собой некую константу, или инвариантную количественную характеристику возраста морского судна. Поэтому кривую на рис. 3.4, графически передающую зависимость коэффициента k от возраста судна, уместно назвать характеристической кривой старения судна.

Справедливость высказанного выше предположения подтверждается результатами исследования, изложенного в [57, с. 13], согласно которому между величиной тайм-чартерной ставки и рыночной стоимостью судна приблизительно соблюдается прямая линейная зависимость (см. рис. 3.5), при этом производная стоимости судна по тайм-чартерной ставке (т. е. угол наклона прямой) будет тем меньше, чем больше возраст судна. Согласно упоминавшемуся ранее принципу прямой капитализации, при нулевой тайм-чартерной ставке рыночная стоимость судна любого возраста должна обращаться в ноль.

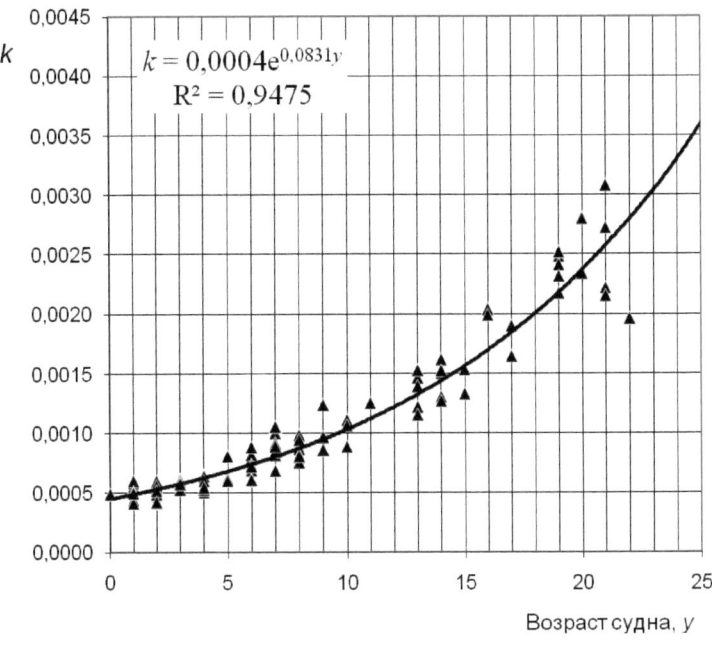

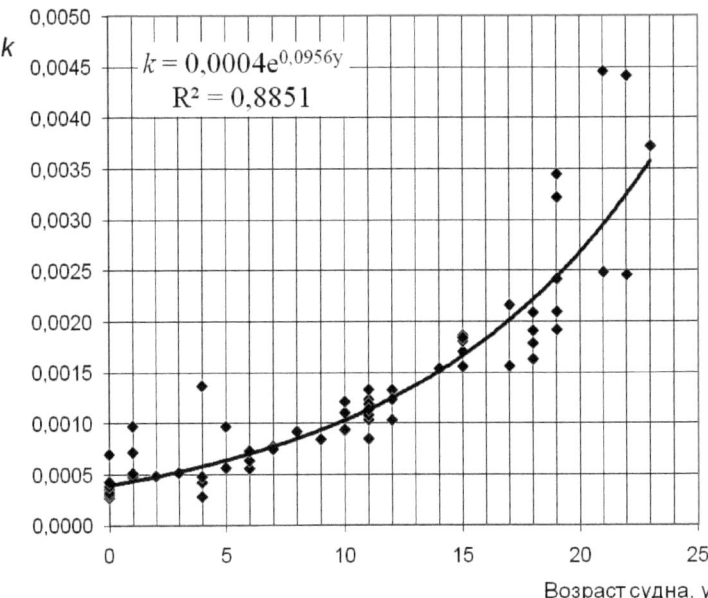

Рис. 3.4. Зависимость коэффициента *k* от возраста судна: вверху – для балкеров, внизу – для танкеров

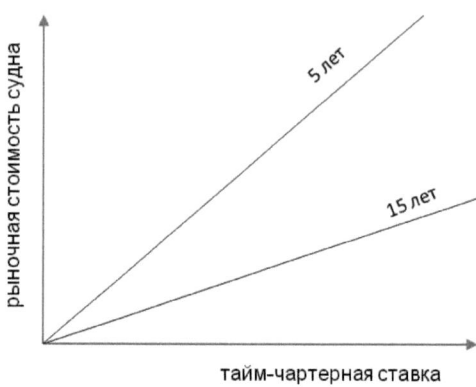

Рис. 3.5. Зависимость рыночной стоимости судна от уровня тайм-чартерных ставок

Из сказанного следует, что для судов одного возраста отношение тайм-чартерной ставки к рыночной стоимости судна должно быть постоянным (как остаётся постоянным угол наклона каждой прямой на рис. 3.5), и величина этого отношения должна быть тем больше, чем больше возраст судна. Именно это и показывают кривые, изображенные на рис. 3.4.

Характеристическая кривая старения судна может быть использована для приближенной оценки рыночной стоимости судна, если известна средняя величина фрахтовой ставки f, на которую такое судно могло бы в данный момент «рассчитывать» при фрахтовании на условиях тайм-чартера. Например, для балкера возрастом 10 лет имеем $k \approx 0,001$ (см. рис. 3.4) и при $f = 25000$ ам. долл./сут. получим, что $Z \approx 25$ млн. ам. долл. Приведённый расчёт, конечно, может иметь лишь ориентировочное значение.

Из рассмотрения характеристической кривой старения судна вытекает ряд следствий, касающихся экономических аспектов старения судна и общих вопросов экономики морского судоходства.

Прежде всего, следует заметить, что коэффициент k есть не что иное, как среднесуточный показатель фондоотдачи судна. Поэтому характеристическая кривая старения может служить для оценки эффективности использования активов (инвестиций) судовладельца, заключённых в судне, и в целом рентабельности судоходства как вида предпринимательской деятельности. Например, как видно из рис. 3.4, для судов возрастом до 5 лет $k \approx 0,0005$. Это означает, что даже при отсутствии непроизводительных простоев судов, годовая норма прибыли, на которую может рассчитывать судовладелец или инвестор, составляет менее $0,0005 \times 365 = 18,25\%$.

Еще одно обстоятельство, вытекающее из рассмотрения характеристической кривой старения судна, продемонстрировано на рис. 3.6 и заключается в том, что коэффициент k (кривая) по порядку величины совпадает со статистической вероятностью гибели судов (гистограмма) [58] и увеличивается параллельно с увеличением последней. Конечно, это обстоятельство может являться случайным совпадением, однако, можно привести рассуждения, которые придают этому совпадению глубокий смысл.

Поставим следующий вопрос: какова должна быть величина f тайм-чартерной ставки с точки зрения судовладельца? Ответ на этот вопрос кажется очевидным. Чтобы судно приносило прибыль своему владельцу, величина ставки должна быть больше суточной нормы постоянных эксплуатационных расходов e судна. Однако этот ответ не учитывает одно важное обстоятельство. Это обстоятельство состоит в том, что судовладелец может внезапно, в результате несчастного случая, полностью потерять своё судно и вместе с ним все будущие доходы от его эксплуатации.

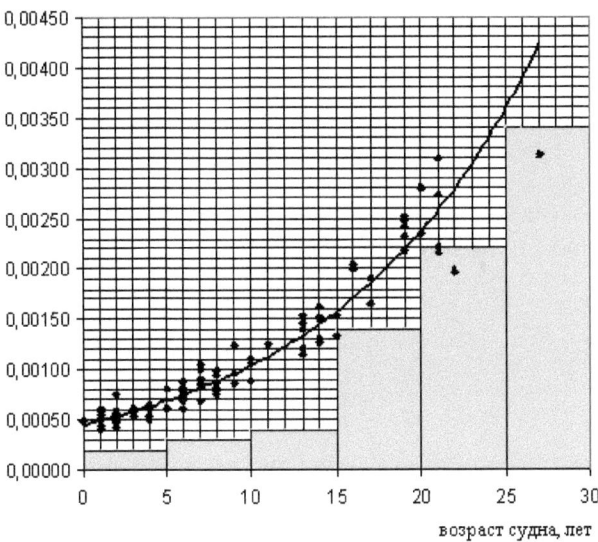

Рис. 3.6. Характеристическая кривая старения судна и статистическая вероятность гибели судов мирового флота

Каков же должен быть размер тайм-чартерной ставки с учетом риска потери судна? Чтобы ответить на этот вопрос, рассмотрим два возможных варианта событий: 1) судно в данный день не погибнет и 2) судно погибнет.

Если судно не погибнет, то суточная прибыль судовладельца будет равна разности между тайм-чартерной ставкой f и суточной нормой эксплуатационных расходов судна e:

$$\pi_1 = f - e.$$

Если же судно погибнет, то расходы судовладельца увеличатся на величину Z стоимости судна, и его прибыль будет равна

$$\pi_2 = f - e - Z.$$

Можно возразить, что в случае гибели судна убытки судовладельца будут возмещены за счет страховки. Однако для того, чтобы получить страховое возмещение, судовладелец платил страховщику страховую премию, причем с большой долей вероятности общая сумма, заплаченная судовладельцем, будет больше той суммы, которую он получит в качестве страхового возмещения, так как только в этом случае страхование выгодно для страховщика (см. формулу (3.1)). Таким образом, даже получив страховое возмещение, судовладелец в случае гибели судна понесёт убыток, равный стоимости судна.

Обозначим вероятность гибели судна через q. Тогда математическое ожидание прибыли судовладельца запишется в виде

$$M(\pi) = (1 - q)\,\pi_1 + q\pi_2 = f - e - qZ. \tag{3.5}$$

Очевидно, что эксплуатация судна будет выгодна судовладельцу, только если $M(\pi) \geq 0$. Для этого, согласно (3.5), должно выполняться условие

$$f - e \geq qZ$$

или, что то же,

$$\frac{f}{Z} \geq q + \frac{e}{Z}.$$

Последнее неравенство предполагает, что во всяком случае должно быть

$$\frac{f}{Z} > q.$$

Но именно это мы и наблюдаем на рис. 3.6.

Таким образом, мы приходим к предположению, что характеристическая кривая старения судна является отражением известного принципа соотношения риска и доходности, согласно которому, чем выше риск, связанный с вложением средств в финансовый или физический актив, тем ниже его цена и тем выше средняя доходность (норма прибыли) этого актива [59].

Список литературы

1. Барабанов Н. В. Конструкция корпуса морских судов: Учебник. — 4-е изд., перераб. и доп. В двух томах. Том 1. — Спб.: Судостроение, 1993. — 304 с.

2. Васильев В. И., Рощин М. Б., Товстых Е. В. Судостроительные материалы. — Л.: Судостроение, 1972. — 384 с.

3. Барабанов Н. В., Гундобин А. А., Уласюн П. С., Эйделькинд Л. Ш. Ремонт судов секционно-блочным методом. — Л.: Судостроение, 1967. — 204 с.

4. Барабанов Н. В. Конструкция корпуса морских судов: Учебник. — 4-е изд., перераб. и доп. В двух томах. Том 2. — Спб.: Судостроение, 1993. — 336 с.

5. Правила классификации и постройки морских судов. Том 2. НД № 2-020101-044. — Российский морской регистр судоходства. 2005.

6. Москаленко М. А. Особенности анализа технического состояния и назначения восстановительного ремонта корпуса эталонного судна // Материалы шестой международной научно-практической конференции «Проблемы транспорта Дальнего Востока». — Владивосток: ДВО РАТ, 2005. С. 92–93.

7. G. Wang et al. A statistical investigation of time-variant hull girder strength of aging ships and coating life. Marine Structures 21 (2008), pp. 240 – 256.

8. A. Papanikolaou, E. Eliopoulou. Impact of ship age on tanker accidents. Proceedings of the 2nd Int. Symposium on Ship Operations, Management and Economics, The Greek Section of SNAME, Athens, Sep. 17 – 18, 2008.

9. M. Stopford. Maritime Economics. 3rd edition. Routledge. 2009.

10. Гальперин М. М. Система технического обслуживания и ремонта морских судов. — М.: Транспорт, 1981. — 302 с.

11. Study of Greenhous Gas Emissions from Ships. IMO. Issue no. 2 (2000).

12. Advances in marine antifouling coatings and technologies. Edited by C. Hellio and D. Yebra, Woodhead Publishing Ltd. 2009.

13. Лебединская С. Б. Физика на море и на судне: Учеб. пособие. — Владивосток: Мор. гос. ун-т им. адм. Г. И. Невельского, 2004. — 135 с.

14. Кацман Ф. М., Дорогостайский Д. В. Теория судна и движители. — Л.: Судостроение, 1979. — 280 с.

15. Алексеев Г. М., Лесков М. М., Литвиненко А. И. и др. Морское дело. — Л.: Транспорт, 1967. — 880 с.

16. A new hull roughness penalty calculator: The economic importance of hull condition. Propeller. Issue 16. August 2003.

17. A. F. Molland, S. R. Turnock, D. A. Hudson. Ship Resistance and Propulsion. Practical Estimation of Ship Propulsive Power. Cambridge University Press. 2011.

18. Справочник по современным судостроительным материалам / В. Р. Абрамович, Д. В. Алёшин и др. — Л.: Судостроение, 1979. — 584 с.

19. Судовые энергетические установки / Г. А. Артемов, В. П. Волошин, Ю. В. Захаров, А. Я. Шквар. — Л.: Судостроение, 1987. — 480 с.

20. Гаврилов В. С., Гальперин М. М. Управление технической эксплуатацией морского флота. — М.: Транспорт, 1987. — 300 с.

21. Васильев Б. В., Ханин С. М. Надёжность судовых дизелей. — М.: Транспорт, 1989. — 184 с.

22. H. Emi, A. Kumano, N. Baba, T. Ito, Y. Nakamura. A study on hull structures for ageing ships. A basic study on life assessment of ships and offshore structures. Maritime Structural Inspection, Maintenance and Monitoring Symposium. Arlington. March 18 – 19, 1991.

23. Second IMO GHG Study 2009, International Maritime Organization (IMO) London, UK, April 2009; Buhaug, Ø., Corbett, J.J., Endresen, Ø., Eyring, V., Faber, J., Hanayama, S., Lee, D.S., Lee, D., Lindstad, H., Markowska, A.Z., Mjelde, A., Nelissen, D., Nilsen, J., Pålsson, C., Winebrake, J.J., Wu, W., Yoshida, K.

24. Морские вести России. 2002. № 23 – 24. С. 8.

25. Соснов Э. Первопричина аварии в «человеческом факторе» // Судоходство. 2004. № 12. С. 26 – 27.

26. Болотин В. В. Ресурс машин и конструкций. — М.: Машиностроение, 1990. — 448 с.

27. Соболенко А. Н. Человеческие ошибки — причина аварий судов // Проблемы транспорта Дальнего Востока: Мат-лы пятой междунар. научно-практич. конф. — Владивосток: ДВО РАТ, 2003. С. 400.

28. Ефимов С. Л. Морское страхование. Теория и практика. — М.: РосКонсульт, 2001. — 448 с.

29. Москаленко М. А. Проблемы обеспечения безопасности при эксплуатации судов старше двадцатилетнего возраста // Безопасность водного транспорта: Труды междунар. научно-практич. конф. Том 4. — СПб.: ИИЦ СПГУВК, 2003. С. 110 –113.

30. BIMCO Bulletin. Vol. 97. 2002. № 2. pp. 2-3.

31. M. Grey. Older vessels fail to conform with ISM code. Lloyd's List. May 20 1999. p. 1.

32. Луговец А. А. Управление развитием судоходной компании (на примере Дальневосточного морского пароходства). — Владивосток: Изд-во Дальневост. ун-та, 2001. — 220 с.

33. Цветкова Л. И., Минязев М. Р. Принципы исследования системных рисков // Управление риском. 2005. № 2 (34). С. 28 – 34.

34. Моряки — козлы отпущения // Судоходство. 2001. № 12. С. 7 – 8.

35. BIMCO выражает тревогу по поводу растущего процесса криминализации профессии моряка // Международное судоходство. Еженедельный обзор. — Владивосток: Мор. гос. ун-т им. адм. Г. И. Невельского, 2006. № 48/06. С. 11 – 12.

36. Грузинский П. П., Хохлов П. М. Аварийно-спасательное дело и борьба за живучесть судна: Справочное пособие. — М.: Транспорт, 1977. — 288 с.

37. Москаленко А. Д., Маликова Т. Е. Проблема старения флота и выработка оптимальных решений по вопросам замены судов // Проблемы транспорта Дальнего Востока: Мат-лы пятой междунар. научно-практич. конф. — Владивосток: ДВО РАТ, 2003. С. 194 – 199.

38. The world merchant fleet in 2009. Equasis Statistics.

39. IUMI Hull Spring Statistics. IUMI Facts and Figures Committee. 2009.

40. IUMI Casualty and World Fleet Statistics. IUMI Facts and Figures Committee. 2008.

41. OGP Risk Assessment Data Directory. Report No. 434 – 10. March 2010. Water transport accident statistics. International Association of Oil and Gas Producers.

42. D. McKenzie. Casualty Rate Prediction for Oil Tankers. Casualty Actuarial Society Forum. Summer 1993. (http://www.casact.org/pubs/forum/93sforum/index.cfm?fa=93sftoc).

43. I. C. Gemelos, N. P. Ventikos. Safety in Greek Coastal Shipping: The Role and Risk of Human Factor Revisited. WMU Journal of Maritime Affairs, Vol. 7 (2008), No. 1, pp. 31 – 49.

44. H. N. Psaraftis, G. Panagakos, N. Desypris, N. P. Ventikos. An analysis of maritime transportation risk factors. ISOPE – 1998 Conference, Montreal. May 1998.

45. DNV 2001: Formal Safety Assessment of Tankers for Oil. Project C383184/4.

46. Абчук В. А. Теория риска в морской практике. — Л.: Судостроение, 1983. — 152 с.

47. Резолюция ИМО А.890(21) от 25.11.1999 г. «Принципы безопасного состава экипажей судов».

48. M. Stopford. Maritime Economics. 2nd edition. 1997.

49. Гуревич Г. Е., Лимонов Э. Л. Коммерческая эксплуатация морского судна. — М.: Транспорт, 1983. — 264 с.

50. S. Köhn. Generalized Additive Models in the Context of Shipping Economics. Ph.D. Thesis. University of Leicester. 2008.

51. Симионов Ю. Ф., Домрачев Л. Б. Экономика недвижимости: Учеб. посо-бие для вузов. — М.: ИКЦ «Март», Ростов н/Д: Изд. центр «МарТ», 2004. — 224 с.

52. Оценка объектов недвижимости: Теоретические и практические аспекты / под ред. В. В. Григорьева. — М.: ИНФРА-М, 1997. — 320 с.

53. Лимонов Э. Л. Внешнеторговые операции морского транспорта и мультимодальные перевозки. — СПб.: «Выбор», 1998. — 253 с.

54. Конъюнктура фрахтового рынка международного судоходства. Ежемесячный реферативный журнал. — Владивосток: Мор. гос. ун-т им. адм. Г. И. Невельского, 2003. №№ 01 (37) – 12 (45).

55. Ежемесячный обзор фрахтового рынка. — Владивосток: Мор. гос. ун-т им. адм. Г. И. Невельского. 2004. №№ 01/04 – 12 (04).

56. Ежемесячный обзор фрахтового рынка. — Владивосток: Мор. гос. ун-т им. адм. Г. И. Невельского. 2005. №№ 01/05 – 12 (05).

57. R. O. Adland. Theoretical Vessel Valuation and Asset Play in Bulk Shipping. Master of Science Thesis. MIT. 2000.

58. Casualty and Underwriting Statistics. A Joint Hull Committee View from London. IUMI 2002 – New York City.

59. Бригхэм Ю., Эрхардт М. Финансовый менеджмент. 10-е изд. / Пер. с англ. Под ред. Е. А. Дорофеева. — Спб.: Питер, 2009. — 960 с.